嘘，该冬眠了

[美] 桑德拉 · 马克尔　著

[英] 霍华德 · 麦克威廉　绘

范晓星　译

人民东方出版传媒
People's Oriental Publishing & Media
東方出版社
The Oriental Press

注：本书中的熊仅指美洲黑熊。

熊妈妈抬起头，望着风中飞舞的红叶。

“我看冬天就要来了，”
她对小熊说，
“咱们该冬眠了。”

“可是，妈妈，”
小熊说，“我饿了。”

“唉！”熊妈妈闷闷地说，

“那我们就再吃一会儿，然后去睡觉吧，要睡过好长的冬天呢。”母子俩肩并肩地在一起，啊呜啊呜地吃起了灌木丛上的稠李，直到天空飞过一群加拿大雁。

熊妈妈缓缓地扬起她的大脑袋，细细地听加拿大雁的叫声。

“你听，这是冬天的声音，”
她告诉小熊，“冬眠的时候到了。”

“可是，妈妈，”
小熊说，“我渴了。”

于是熊妈妈带着小熊穿过树林，来到湖边。

有一条鱼游过，小熊想捉住它，可是

没捉到！

“这条鱼是不是也急着去冬眠呀？”他说。

熊妈妈呵呵地笑着说：“鱼不冬眠。还有鼹（yǎn）鼠啊，猫头鹰啊，兔子啊，他们都不冬眠。”

“不公平！”小熊抗议说，“那为什么我要一整个冬天都睡觉呢？”

熊妈妈叹了一口气，说：“因为，冬天来了，就没有稠李吃了。也没有肉虫子或者甲壳虫了呀。也不会有鱼了，因为湖面都结冰了。”

小熊跺着脚说："我不管。我会找到食物的。"

熊妈妈说："熊宝宝冬天不可以在外面，还有一个原因呢。"

“成群结对的饿狼，冬天不会冬眠，一直在猎食。”

“还有美洲狮。如果我不在身边保护你，它们会捉住你的。”
“妈妈不和我在一起？”小熊惊讶得合不拢嘴。

“妈妈去哪里呀？”

“我要冬眠啊。”熊妈妈说着，迈着沉重的步伐，缓缓地走开了。

小熊留在原地——可只有一分钟——
他看下四周，只见森林里有好多黑影。
那会不会是狼群？或者美洲狮？

小熊用尽全身力气飞快地追上妈妈。

他们来到一棵很大很老的树下，一起钻进树洞，依偎在一起。

可小熊还是
扭来扭去。

熊妈妈叹了一口气。
“你又怎么啦？”

“我睡不着，”
小熊说，
“我的床太硬啦。”

熊妈妈和小熊爬出树洞。
熊妈妈用熊爪将树叶扒进树洞，
这时候天上飘下了雪花。
“冬天到了。”她对小熊说，
“真的该冬眠了。”
“可是，妈妈，”小熊说，
“我还不能冬眠呢。”

“我要去跟鱼儿说再见。还有驯鹿、猫头鹰、兔子和鼹鼠。我会快去快回的。”

小熊轻快地跑远了。

熊妈妈冲到前面截住小熊，大声吼：

然后她把小熊推回洞里，看着他的眼睛说：“好了，安静！我们要冬眠了，直到春天再醒来！”

树洞外寒风呼啸。
熊妈妈和小熊依偎在一起。

他们睡着了。

呼噜！ 呼噜！
呼噜！ 呼噜！

“妈妈？”小熊在妈妈耳边轻轻地问，“您能听见我吗？”

熊妈妈抽抽鼻子，说：“宝宝，什么事？”

“春天到了吗？”

熊真的冬眠吗？

注：本书中提到的熊仅指美洲黑熊。

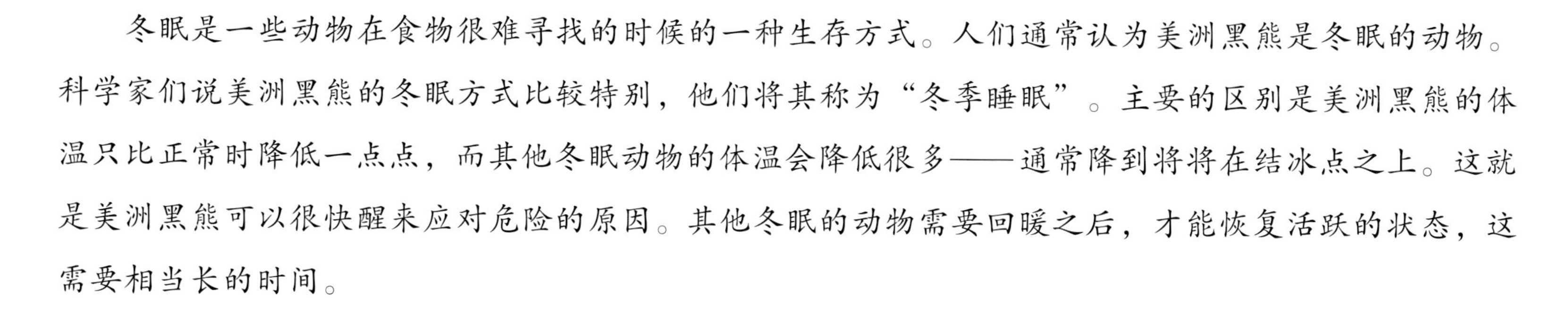

冬眠是一些动物在食物很难寻找的时候的一种生存方式。人们通常认为美洲黑熊是冬眠的动物。科学家们说美洲黑熊的冬眠方式比较特别，他们将其称为“冬季睡眠”。主要的区别是美洲黑熊的体温只比正常时降低一点点，而其他冬眠动物的体温会降低很多——通常降到将将在结冰点之上。这就是美洲黑熊可以很快醒来应对危险的原因。其他冬眠的动物需要回暖之后，才能恢复活跃的状态，这需要相当长的时间。

不过美洲黑熊的冬季睡眠和普通睡眠还是有很大区别的。你会不会像美洲黑熊一样冬眠呢？试一下下面的小测验吧！

你能像美洲黑熊那样冬眠吗？

你可以100天什么都不吃吗？

美洲黑熊就可以！

你可以100天不喝水吗？

美洲黑熊就可以！

你可以100天不大小便吗？

美洲黑熊就可以！

你可以一分钟只呼吸一次吗？

美洲黑熊就可以！ 美洲黑熊冬眠时每分钟呼吸1～10次。对比一下，你一动不动地坐着，一分钟呼吸几次？

你知道其他冬眠的动物在哪里吗？

本书描写的是大森林里的故事，森林里其他的动物也会冬眠，你知道它们藏在哪里吗？下面关于这些动物的小知识，可以给你一点线索。

黄腹旱獭（tǎ） 春天和夏天，它以树叶、花和种子为食，挖浅浅的洞，能够安全地休息就行。到了准备过冬的时候，它就挖更深的洞——15英尺（约4.5米）或更深——在冻土层以下。它通常从9月冬眠到次年5月。

美洲花鼠 它在岩石和木头下面挖一个很深的、过冬用的地洞系统。这些洞里有隧道和穴室。有的穴室里有干爽的叶子，那是它的床；有的穴室储存食物，例如干草和种子，这些是它用两腮运进去的；还有一些穴室存放垃圾。整个冬天它会时不时醒来，吃些东西，排排粪便。它通常从10月冬眠到次年3月。

拟鳄龟 它在冬眠的时候，可以5个月不呼吸。所以它通常在池塘或者湖底淤泥里挖洞。水下比冰冻的陆地暖和一些。它通常从10月下旬冬眠到次年3月。

束带蛇 在春夏，它会在临近水的地方，吃青蛙、蛞蝓（kuò yú）和蚯蚓。天气转凉时，它停止进食，爬进岩石或者树根下面的地洞里。束带蛇喜欢聚集在一起冬眠，它们通常从10月冬眠到次年3月。

像美洲黑熊一样

在洞里冬眠

想不想体验美洲黑熊的冬眠生活？按照下面的步骤，准备在洞里过冬吧！

1 你要找一个大纸箱子，把开口处的翻盖剪掉。或者将毯子盖在一张小桌子上，这样毯子就能从四面垂下，把桌子围起来了。掀起毯子的一角，做成一个洞口，里面的空间正好能容纳你一个人。美洲黑熊选择的树洞刚好只比自己的身体大一点点，这样周围不会有太多冷空气吹进来。它甚至会选盖满积雪的山洞，这样更保暖。

2 并不是所有的美洲黑熊都需要床，不过你可以照着熊妈妈的做法，为你的洞加一张床。把干净的包装纸揉搓一下，代替树叶。把这些纸放在洞口，塞进去。

3 爬进你的洞里。蜷缩起来，背对着洞口。这样你的身体可以帮忙挡住外面的寒风，你在里面会暖和一点。美洲黑熊就是这样做的。

准备好了吗？如果你像美洲黑熊一样钻进树洞，就要在里面待上100天哦！

名词解释

冬眠

一些动物为了越冬而停止了一系列生命活动，体温降至接近0摄氏度，呼吸、心跳的频率也变得很低，身体进入麻痹状态，看上去就像昏睡一般。这种状态就被称为“冬眠”。

稠李

稠李是北温带常见的一种果树，生长在海拔880~2500米的山坡、山谷或灌丛中。它的枝干并不粗壮，长满叶子时像一根根鸡毛掸子。春天开出白色的花棒，秋天结紫色的小圆果。

加拿大雁

故事中的加拿大雁，也叫加拿大黑雁、加拿大野鹅等，在北美洲尤其是加拿大很常见。春天和夏天，它们在北极沿岸的苔原上繁殖，深秋便飞往北美洲南部的海岸地带过冬。

美洲狮

它是美洲大陆分布最广的猫科动物，北到加拿大育空河流域，南到南美洲最南端，除了热带雨林，所有的陆地均有其足迹。它们善于攀爬和跳跃，常捕杀各种脊椎动物为食。

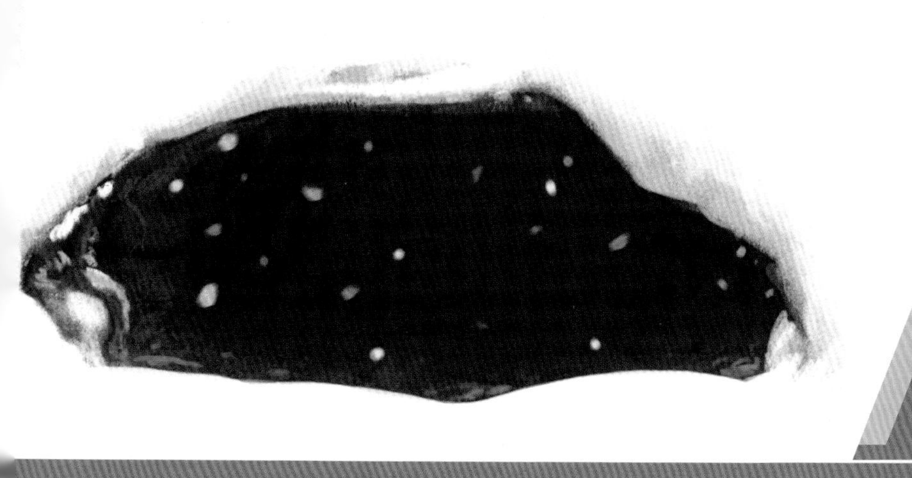

小朋友，下面的动物，哪些需要冬眠，哪些不冬眠，你知道吗？把它们区分出来，并涂上喜欢的颜色吧！

不冬眠的动物：金鱼、猫、狗、蝎子

冬眠的动物：黑斑蛙、陆龟、蜗牛、刺猬、仓鼠、蝙蝠

图书在版编目（CIP）数据

嘘，该冬眠了 / (美) 桑德拉・马克尔著；范晓星译. — 北京：东方出版社, 2022.6
书名原文: Hush Up and Hibernate
ISBN 978-7-5207-2582-8

Ⅰ. ①嘘… Ⅱ. ①桑… ②范… Ⅲ. ①动物 – 冬眠 – 儿童读物②植物 – 休眠 – 儿童读物…Ⅳ.①Q958.117-49②Q945.35-49

中国版本图书馆CIP数据核字(2022)第029557号

Hush Up and Hibernate
Published by permission of Wundermill, Inc.

The simplified Chinese translation rights arranged through Rightol Media
（本书中文简体版权经由锐拓传媒旗下小锐取得Email:copyright@rightol.com）

著作权合同登记号：图字：01-2021-7063

嘘，该冬眠了
XU,GAI DONGMIAN LE

作　　者：（美）桑德拉・马克尔
绘　　者：（英）霍华德・麦克威廉
译　　者：范晓星
策 划 人：丁胜杰
责任编辑：丁胜杰 刘 磊
产品经理：丁胜杰
排版设计：邢美丽 赵 欣
责任审校：曹楠楠
出　　版：东方出版社
发　　行：人民东方出版传媒有限公司
地　　址：北京市西城区北三环中路 6 号
邮　　编：100120
印　　刷：小森印刷（北京）有限公司
版　　次：2022 年 6 月 第 1 版
印　　次：2022 年 6 月 第 1 次印刷
开　　本：787 毫米 ×1092 毫米 1/12
印　　数：1-8000 册
印　　张：3.33
字　　数：30 千字
书　　号：ISBN 978-7-5207-2582-8
定　　价：49.00 元

发行电话：（010）85924663 85924644 85924641

如有印装质量问题，我社负责调换，请拨打电话：（010）85924602 （010）85924603